兒童健康生活繪本系列

我不挑食，
營養均衡身體好！

麥曉帆　著

藍曉　圖

新雅文化事業有限公司
www.sunya.com.hk

大德德和小維維兩兄妹，都很喜歡吃東西！
而更棒的是，他們的爸爸和媽媽都是煮菜高手，
讓大德德和小維維都能夠吃上美味可口、又營養
豐富的飯菜。

可是，近來兩兄妹都變得不喜歡吃爸爸媽媽煮的菜。
小維維更常常說肚子痛，讓媽媽很擔心。

一位守護孩子的小精靈
來探望大德德和小維維，她
發現孩子們出現偏食的壞習
慣，於是決定幫助他們改正
過來。

原來，每逢周末的時候，爸爸就會帶着孩子們外出用餐。

大德德常常都會央求爸爸帶他們去快餐店，那裏有他最喜歡吃的漢堡、炸薯條和汽水。

至於小維維呢？原來，她也有偏食的壞習慣。她最愛吃冰淇淋和巧克力，不愛吃蔬菜和水果。

健康常識知多點

為什麼我們不應該有偏食的壞習慣？

　　日常飲食為我們身體提供不同的營養素，例如碳水化合物、脂肪、蛋白質、維他命和礦物質等等。這些營養素各有不同的功用，所以我們要飲食均衡，身體才有充足的營養運作，讓我們有力氣進行不同的活動，健康成長。

這天，趁着媽媽在廚房裏忙着準備晚飯時，孩子們偷偷地在客廳裏吃零食。

小精靈便上前勸告說：「你們現在吃這麼多零食，晚上就會吃不下晚飯了！」

健康常識知多點

為什麼我們不應該吃太多糖分？

　　吃太多糖不但會容易導致蛀牙、引致肥胖，而且還會令我們生病，增加患上糖尿病和心臟病等疾病的風險。根據專家建議，我們一天最多只能吃5至8茶匙糖分。別小看食物的含糖量，原來單是一罐汽水已含有9茶匙糖呢！一不小心，我們很容易就會攝取過多糖分。

結果到了晚餐時間，孩子們都沒有胃口吃晚飯，吃得很少。

看着小維維幾乎什麼東西都不吃，甚至把口裏的蔬菜吐出來，媽媽擔心地說：「小維維，你吃得這樣少，晚上會餓壞的。而且，你平日不吃蔬菜和水果，少上廁所，長期下去會容易肚子痛的。」

健康常識知多點

為什麼我們要每天吃蔬菜和水果？

我們需要通過進食蔬菜和水果吸收身體需要的維他命和礦物質。此外，蔬果含有豐富的膳食纖維，可以促進消化，幫助排便，增強身體的抵抗力，防止患病，保持身體健康。

第二天，大德德又想吃炸雞和炸薯條，正打算請媽媽帶他和妹妹外出用餐。

小精靈看着，搖頭說：「早幾天你已吃過漢堡和炸薯條了。這些垃圾食品，多吃對身體沒有益處啊！」

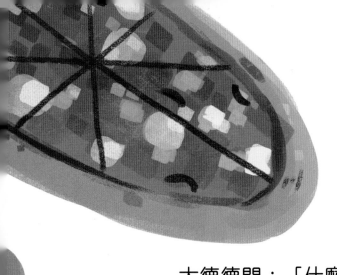

大德德問：「什麼是垃圾食品啊？」

小精靈說：「垃圾食品就是那些味道可口，經過人工製作，加工程度高的食物。這些食物多吃對身體無益，長遠還會令我們肥胖呢！」

健康常識知多點

垃圾食品有何壞處？

　　這些食品經過加工處理，通常會加入很多人工食物添加劑，例如：食用色素、調味料、防腐劑、增稠劑。這些食物雖然味道可口，但是營養價值低，大多含有大量反式脂肪，並且含有高糖分和鈉；多吃容易令我們患上肥胖症，長遠更會造成心血管疾病。

13

　　小精靈揮動神仙棒，說：「看！如果你們不再改善自己的飲食習慣，以後就會變成這個樣子了。」

　　只見「噗」的一聲，空氣中突然出現一個胖子大德德的形象，同時又出現一個瘦弱的、捂着肚子喊痛的小維維，他們看上去似乎都不太健康呢。

　　小維維和大德德看見都嚇壞了！

不久，媽媽走過來問孩子們：「你們
今天想吃什麼？我們一起去買菜吧。」

在超級市場裏，媽媽請孩子們試試自己選購食物。

大德德和小維維都決心要選出健康有益的食材。

這時，小精靈說：「你早幾天吃了很多加工肉類，今天要吃多一點蔬菜啊。蔬菜能夠幫助促進我們的腸道健康呢！」

於是，大德德選取了不同
顏色的蔬菜和水果。

健康常識知多點

蔬果有什麼營養價值？

　　蔬菜含有豐富的維他命和礦物質，例如維他命C、維他命B、葉酸、抗氧化劑和鉀質等等，增強我們的免疫系統。深綠色的蔬菜和水果含有維他命A，有助保護眼睛健康，維持視力；而維他命C則可以保護和收復細胞。

然後，他們來到售賣新鮮肉類和海鮮的地方，那裏應有盡有，有紅色的牛肉和豬肉，還有白色的雞肉。

這次，小精靈提示小維維，說：「除了要多吃蔬果，我們也要多吃不同的肉類為我們的身體提供蛋白質，促進身體肌肉生長呢！」

小維維決定選了哥哥喜歡吃的雞肉。

健康常識知多點

什麼是蛋白質？

　　人體的細胞都是由蛋白質組成的。蛋白質為身體提供能量，對肌肉和器官的生長十分重要。我們可以從雞蛋、肉類、魚類、大豆、堅果和乳製品食物中吸收蛋白質，讓我們有強健的體魄。

19

在小精靈的提示下，大德德和小維維發現原
來在超級市場裏有很多食品的包裝上都附有食物
營養標籤呢！

營養資料 Nutrition Information	
每100克/Per100g	
能量/Energy	380千卡/kcal
蛋白質/Protein	6克/g
脂肪/Total fat	3克/g
-飽和脂肪/Saturated fat	1.5克/g
-反式脂肪/Trans fat	0克/g
碳水化合物/Carbohydrates	82克/g
- 糖/Sugars	5克/g
鈉/Sodium	120毫克/mg

小精靈說：「你們想知道食物裏含有什麼成分嗎？這些食物營養標籤說明了食物裏面有什麼成分，可以幫助我們選擇較健康的食物呢！」

健康常識知多點

什麼是食物營養標籤？

這個標籤列明了食物所含的營養素成分及其含量單位，包括：能量、蛋白質、碳水化合物、脂肪、鈉和糖。這樣我們選購食物時，就可以拿不同的食物對比一下，選擇較健康的食物。我們應避免進食含有大量反式脂肪和糖分高的食物，這類食物都會引致肥胖，危害身體健康。而且，還要避免吃下太多鹽分，因為鹽分高的食物會令我們身體內的水分和鹽分比例失衡，導致高血壓，造成心臟病。

最後，大德德和小維維都正確地選擇了一些蔬菜和肉類，
這讓媽媽感到很高興。大德德和小維維都感到很自豪。
回到家裏，媽媽跟孩子們一起製作了美味的蔬果汁。
小維維說：「這些蔬果汁甜甜的，真美味呢！」

小精靈在旁點點頭說：「這些蔬菜和水果也可以變成美味的飲料，可以幫助我們排便，比汽水更有益，而且可以幫助補充身體的水分。」

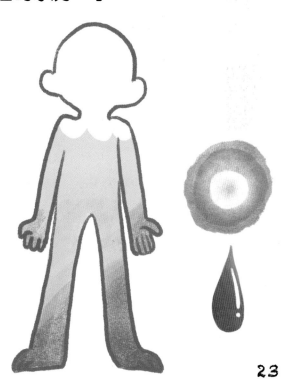

健康常識知多點

為什麼我們要多喝水？

水對我們的身體非常重要，因為人體接近百分之七十是水分，我們的血液、汗水、骨骼、細胞組織，還有器官裏面都含有水分。我們要注意時刻為身體補充水分，多喝水，減少喝含糖飲料。要記住我們每天都要喝7至8杯水，以維持身體的運作，當中並不能以蔬果汁或其他飲料取代清水的。

晚上，媽媽煮了一頓豐富的晚餐。

小維維和大德德都很高興，大吃大喝起來。

這時，小精靈出現了，他趕緊勸說：「孩子們，吃飯時，我們也要注意定時定量，你們一下子吃得太多，會影響消化系統的運作呢！選擇食物時，除了要注意營養均衡，還要確保不能吃得過量啊！」

8：30AM　　12：00PM　　7：30PM

健康常識知多點

為什麼我們吃飯要定時定量？

　　我們每天都要進食食物，從中吸取能量，才有力氣到處活動。我們的身體裏有一個生理時鐘，提醒我們定時吃飯和睡覺。經過一夜休息，我們早上起牀後，就要吃早餐為身體補充能量。在中午時間，再吃午餐；在傍晚時分，進食晚餐；要注意避免在吃飯前吃零食，或是進食後馬上睡覺，以免加重腸胃的負擔，影響健康。

　　要注意吃飯的分量適當，因為我們吃得太少，身體就會能量不足，容易感到疲倦；吃得太多，不但難以消化，更會令身體積聚過多的糖分和脂肪，容易造成肥胖，影響健康。

自此之後，小精靈常常出現提點大德德和小維維，
她不時教導他們學習閱讀營養標籤，了解哪一些食物有
較高的營養價值。

營養資料
Nutrition Information

每100克/Per100g

380千卡/K

/Energy

白質/Protein

t

總脂肪/

和脂肪/Satur

脂肪/T

碳水化合

蔬菜和水果

穀物類
（碳水化合物）

脂肪

肉類和
乳製品

MILK

當孩子們知道大部分的零食都含有較高的鹽分、糖分和脂肪，並對身體有害，漸漸學會注意均衡飲食，最後更戒掉了常常吃零食的壞習慣。

健康常識知多點

什麼是「健康飲食金字塔」？

　　要維持身體健康，我們需飲食均衡，選擇不同種類的食物，並且進食合適的分量。我們可以依照「健康飲食金字塔」的原則：這個金字塔的形狀展示了哪些食物應該吃最多，哪些食物要吃最少。我們要吃穀物類為主，並多吃蔬菜及水果，進食適量的肉類、魚類、蛋類和奶類及其代替品，減少進食油、鹽、糖。

小精靈和爸爸媽媽看見大德德和小維維兩兄妹
明白到均衡飲食的重要性，改善了飲食上的壞習慣，
感到非常欣慰呢！大德德和小維維都長大了！

營養蔬果汁

　　有些孩子可能不愛吃蔬菜，我們可以鼓勵孩子多飲用蔬果汁，嘗試各種蔬果。只要把蔬果洗乾淨，放到榨汁機即成美味的果汁。但是，要注意水果的含糖量高，建議每天最多喝一杯果汁，避免攝取過高糖分。以下為大家介紹一些蔬果汁食材配搭，各位爸媽可以試試跟孩子一起製作美味的蔬果汁。

1. 紫色蔬果汁：

- 藍莓或黑提子20-30顆，乳酪1杯、菠蘿適量

　　藍莓和黑提子這些紫色或藍深色的水果均含有豐富的花青素，有助保護視力；乳酪含有豐富的蛋白質和益生菌，促進肌肉生長和腸道健康。

2. 綠色蔬果汁：

- 奇異果2個、香蕉1條、水、蜂蜜適量。

　　奇異果中含有豐富的維他命C，有效抗氧化和消炎，提高身體免疫力。奇異果和香蕉均有豐富的纖維和鉀，可以促進腸道消化，香蕉更能幫助身體排走過量的鈉。

3. 橙色蔬果汁：

- 紅蘿蔔1條、蘋果1個、水、蜂蜜適量。

　　紅蘿蔔豐富的維他命A，是保護眼睛的重要營養素，幫助消除眼睛疲勞、保護視力，而且有助改善夜盲症。這個果汁含有豐富的不溶性纖維，有助清潔腸道，幫助消化。

怎樣培養孩子養成均衡的飲食習慣？

想孩子健康成長，就要確保孩子有健康均衡的飲食。那麼，在日常飲食中，我們該如何讓孩子攝取到成長所需的營養素，讓他們遠離加工食品、懂得為自己選擇有益的食物呢？

以身作則

想避免孩子偏食，家長應為孩子建立好榜樣，以身作則。假如父母自己有偏食習慣，孩子自然亦會隨之仿效。平日應避免常常到快餐店，減少進食煎炸、高熱量、高脂肪、高納或高糖分的垃圾食物，以免孩子從小養成偏愛吃垃圾食物的壞習慣。

進食用天然食材

家長應選擇天然食材，讓孩子多參與購買食材，認識不同顏色和形狀的蔬果，這樣孩子會更容易嘗試和接受新食物。在選擇食物時，多與孩子分享或討論不同種類食物的味道，了解他們的喜好。

另外，家長可以從小教育孩子了解食物的來源，鼓勵他們動手種植一些蔬菜，例如綠豆、葱、小番茄等，藉此增加孩子對不同食材的認知，同時培養他們學會嘗試不同的蔬菜，珍惜食物。

讓孩子參與做菜

家長們可讓孩子在安全的情況下參與烹飪的過程，例如與孩子一起把蔬果食材製作成可愛的圖案，引起他們的好奇心，從而鼓勵他們多進食。這既可加深孩子對食物的認識，又可以訓練孩子的手眼協調能力，啟發創意。

兒童健康生活繪本系列

我不挑食，營養均衡身體好！

作者：麥曉帆

繪者：藍曉

責任編輯：胡頌茵

美術設計：張思婷

出版：新雅文化事業有限公司

香港英皇道 499 號北角工業大廈 18 樓

電話：(852) 2138 7998

傳真：(852) 2597 4003

網址：http://www.sunya.com.hk

電郵：marketing@sunya.com.hk

發行：香港聯合書刊物流有限公司

香港荃灣德士古道 220-248 號荃灣工業中心 16 樓

電話：(852) 2150 2100

傳真：(852) 2407 3062

電郵：info@suplogistics.com.hk

印刷：Elite Company

香港黃竹坑業發街 2 號志聯興工業大樓 15 樓 A 室

版次：二〇二一年七月初版

ISBN: 978-962-08-7798-8

Traditional Chinese Edition © 2021 Sun Ya Publications (HK) Ltd.

18/F, North Point Industrial Building, 499 King's Road, Hong Kong

Published and Printed in Hong Kong